RÉPONSE

A UNE LETTRE

D'UN MÉDECIN DE CAMPAGNE.

RÉPONSE

A UNE LETTRE

D'UN MÉDECIN DE CAMPAGNE,

PAR M. CH. BESANÇON

> De l'esprit sans jugement,
> J'appelle ça de la bêtise.

PARIS.

IMPRIMERIE DE CASIMIR,

RUE DE LA VIEILLE-MONNAIE, 12.

—

1837.

PRÉFACE.

JE n'aurais jamais fait la critique d'un si mauvais ouvrage, si le sieur *Colas* n'eût pas crié partout qu'il était auteur, et que ses confrères étaient des ânes, ne connaissant pas même l'orthographe, et que lui seul possédait la langue française ; je ne l'eusse point fait, parce que, tout en triomphant, je triompherai sans gloire : j'eusse mieux aimé attaquer un style doctoral, qu'un style où il n'y a ni français, ni phrase, ni bon sens, et dont l'ignorance est l'apanage de l'ensemble.

AVANT-PROPOS.

Monsieur, sous un titre aussi modeste, vous y cachez un amour-propre tellement dépravé, que ma conscience m'oblige à en faire la critique.

Pour deux feuilles d'impression, fruit de dix-huit années de travail, vous vous dites auteur. Vous fîtes imprimer avec ordre de publier, c'était permettre que cette lettre fût critiquée; et je la ferai, cette satire, avec loyauté et bonne foi. Je ne citerai jamais une phrase à demi; elle ne sera ni tronquée ni mal interprétée, et autant que possible l'article sera cité dans son entier.

Honni soit celui qui pense que je veuille faire de l'esprit! je ne veux seulement que vous faire connaître et comme auteur et comme littérateur.

Vous vous écriez: Je suis auteur! Moi, qui suis de l'autre côté du précipice, je vous demanderai comment vous avez pu le franchir?

quelle route vous avez prise ? Je n'y vois ni pont, ni planche; l'espace est trop large, je ne saurais l'enjamber, l'approche seule me donne des vertiges; j'y renonce, et, dans mon dépit, je vais vous attaquer.

RÉPONSE

A UNE LETTRE

D'UN MÉDECIN DE CAMPAGNE.

CHAPITRE PREMIER.

Commençons par votre devise :

« Il en ceste façon son tonneau tempestait;
« pour entre ce peuple tant fervent et occupé,
« n'estre veu seul cessateur et ocieux. »

Ces mots, tirés de *Rabelais*, n'ont aucun rapport avec votre ouvrage (puisque ouvrage vous le voulez); vous eussiez pu, sous le rapport de la beauté de votre style, citer ce vers d'*Horace :
ut pictura pœsis*. Ou, pour parler français, vous eussiez pu mettre : Si l'amour a perdu Troie, l'amour d'être auteur m'a perdu. Vous dites : « J'ai senti la nécessité de me choisir un guide, « j'ai préféré la substance alimentaire. » Voyez-vous ce guide emmiellé, s'embourbant dans la matière fécale? Voilà un drôle de guide, et vous avez raison, cher docteur; celui-là, comme vous dites, vous ne le perdrez pas de vue ; rien qu'à

l'odeur vous pourrez le suivre par toutes les si-
nuosités de ce long et tortueux labyrinthe (1).

Je vous suis et ne veux vous quitter.

« J'en ai suivi la marche, depuis l'impression
« qu'elle fait sur un individu qui a faim jusqu'à
« son expulsion du corps qu'elle surcharge, et
« l'ensemble de la vie m'a paru se dérouler en
« fonctions successives, accolées par leurs points
« de jonction les plus importants. »

A quoi a servi votre guide? Vous dites que
vous connaissiez la route et que vous en avez
suivi la marche (vous devez savoir qu'elle s'é-
tend de la bouche à l'anus); et de l'expulsion de
la matière fécale du corps « qu'elle surcharge, »
dites-vous; c'est un contre-sens : s'il y a expulsion, il y a allégement : une chose qui est dehors
ne peut pas surcharger.

« Si le guide m'a bien conduit. »

Vous serez alors comme ce fameux *Jonas*,
fils d'Amathi, le cinquième des petits prophètes
(vous le sixième), né à Geth-Ophes, dans la
tribu de Nephthali. Au surplus, si vous ne le
croyez, allez-y voir. Il en sortit sain et sauf,
tandis que pour vous je craindrais que sur
votre physique il n'en restât quelques traces.

______

(1) Intestins.

« Si le guide m'a bien conduit, et que j'aie
« mal observé (ça se pourrait bien), *la route*
« *restera tracée néanmoins, et la rectification sera*
« *facile.* »

Le guide est-il bien choisi? Vous avez dit :
« La route restera tracée néanmoins, et la recti-
« fication sera facile. » Quelle éloquence! Moi,
j'eusse mis:La route néanmoins en restera tracée,
et la rectification n'en sera que plus facile. Ça
commencerait à devenir français.

Maintenant, il ne sait plus ce qu'il dit, il bat
(vulgairement parlant) la breloque ! Le guide
est-il bien ou mal choisi? Cela ne me regarde
plus; pour moi qui ne suis point auteur, ça me
regarde encore bien moins.

« Que les deux cent cinquante et une classifi-
« cations qui ont eu vie depuis *Hippocrate* n'ont
« pas fait beaucoup progresser la physiologie.
« Que les physiologistes ont l'habitude modeste
« (par exemple comme vous) d'adopter celle de
« leur façon seulement pour la moins mau-
« vaise, attendu l'impossibilité physique d'en
« faire une bonne. »

L'étude des noms devient plus longue et plus
difficile que celle des choses. Le vrai savoir re-
poussera toujours ces jeux d'esprit, et toutes ces
bizarres constructions ne prouvent qu'un faux
jugement. Puis, voyez ce type de la modestie : les

deux cent cinquante et une classifications n'ont pas fait avancer un pas à la science; la sienne, qui arrive comme le Messie et qui est la deux cent cinquante et deux, la change, la bouleverse, la tourne et la retourne, et la rend, à la fin, claire comme la bouteille à l'encre. A l'entendre, depuis *Hippocrate* jusqu'à nos jours, il n'y a eu que des imbéciles, et leurs classifications sont venues se briser contre l'impossibilité physique. Impossibilité physique! ça veut dire au-dessus des forces humaines. Eh bien! ce mot, ce mot terrible, a été anéanti par le génie transcendant de notre docteur.

« Il n'y a rien de pis que de ne pas avoir goût
« à ce que l'on fait. »

Voilà une maxime! elle est tapée, celle-là! vous ne la saviez pas encore; il vous en apprendra bien d'autres. Pères et mères, répétez-la soir et matin à vos enfants, afin qu'elle soit toujours présente à leur imagination, et dites-leur le nom de l'auteur, et de descendants en descendants qu'il passe à la postérité. Le grand *Confucius* n'a jamais rien dit d'aussi sublime.

« Les zoologistes, les botanistes, seraient tous
« noyés dans les détails, s'ils n'avaient pris la
« chose plus à cœur. »

Cher docteur, quelle ingénieuse allégorie! quel

esprit elle renferme! quelle perspicacité pour la comprendre! elle est adressée, il est vrai, à des savants, aussi ai-je de la peine à la concevoir, et, pour la masse ignorante, elle sera toujours une énigme. « Les zoologistes, les bo-« tanistes, seraient tous noyés dans les détails. » Se noyer dans les détails! les bras m'en tombent. Quel talent! ils sont noyés, mais pas asphyxiés. Moi, bonasse, je croyais qu'on pouvait s'enlacer, s'entortiller dans les détails, mais jamais s'y noyer.

Mon cher monsieur, vous saurez (*ab irato*) que si les zoologistes et les botanistes se sont tous noyés dans les détails, j'aime mieux, noyade pour noyade, me noyer avec eux, qu'avec vous dans les matières fécales.

Plus loin, il dit :

« Fais-moi le plaisir de répondre à tout cela « que ton ami a foi en la classification et toutes « ses vertus, qu'il a fait la deux cent cinquante-« deuxième, et qu'il a le courage de la trouver « excellente. »

On pourrait croire que j'invente, que je charge, qu'il n'a pas dit ça. Tenez, j'ai l'exemplaire, lisez. Auteurs modernes ébahis, quel trésor de modestie! Citez-m'en un d'entre vous qui ait jamais eu le courage de trouver son ouvrage excellent; ça n'était dû qu'au docteur *Colas :* qu'une médaille civique lui soit décernée, et qu'elle ait pour légende *Au plus modeste des auteurs*.

La louange à part, dites-moi, qu'est-ce que vous avez voulu nous radoter : « Foi en la clas- « sification et toutes ses vertus ? » Ma perspica- cité ne s'étend pas jusque-là. Notre religion a bien ses vertus théologales, mais je ne savais pas qu'une classification avait les siennes ; si elle a des vertus, elle doit avoir des vices. Mais la vôtre n'a rien de tout ça ; je ferai voir par la suite qu'elle ne peut appartenir qu'à un cerveau détraqué. Poursuivons :

« Que toutes celles des pauvres auteurs ses de- « vanciers ont servi beaucoup à la confection de « la sienne, qui peut aussi servir à d'autres pour « en faire une meilleure ; qu'un médecin de vil- « lage ne passe pas dix-huit ans de sa vie exclu- « sivement à limer un ouvrage de deux feuilles « d'impression. »

Vous l'entendez, tous ses devanciers sont de pauvres auteurs ; lui, qu'est-il ? Les *Viennet*, les *Victor Hugo*, les *Dumas*, les *Casimir Dela- vigne*, si vous êtes princes de la littérature mo- derne, reconnaissez pour votre roi le docteur *Co- las*, médecin de village, qui passa dix-huit ans de sa vie à limer un ouvrage de deux feuilles d'im- pression. Il ne dit pas si c'est avec une lime an- glaise ; qu'importe ! elle était diablement fine pour mordre si peu. Eh bien! moi, quand je veux écrire, sans plus de façon, pour me servir de son figuré, je prends une râpe, et quand ça ne va pas assez vite, j'emploie le rabot ou mieux la varlope. Continuons:

« Il s'agit maintenant de vider la querelle qui « s'est élevée lors de notre dernière entrevue « sur la forme de mon travail : tu voulais que « je fisse des aphorismes, au lieu d'une espèce « de drame vital, dans lequel je *donne* aux « rouages de la machine humaine des poses « tant soit peu fantastiques. »

Colas, vous trahissez la vie privée, ce n'est pas bien ; vous savez qu'elle doit être murée. Si vous avez eu une dispute avec votre ami, nous n'avons pas besoin de la connaître; s'il n'était de votre avis, ça nous prouverait qu'il n'avait pas votre intelligence, et qu'il n'est pas donné à tout le monde d'avoir la bosse du génie ; il n'est pas cause s'il est venu au monde avec une excavation, à la place d'une protubérance.

Je ris, car on ne peut s'empêcher de rire d'un docteur aussi fantasque, qui a fait un drame; on ne dit pas s'il est comique ou tragique : moi, j'avance qu'il est tragique : vous ne vous rappelez donc pas les noyades de tous ces savants? eh! oui, ils se sont noyés dans leurs détails : c'est tout à fait tragique , ou plutôt tragi-comique. Riez tant que vous voudrez : vous ne vous attendiez pas non plus à une lanterne magique, fantasmagorique. Il va vous divertir en vous instruisant, tout ça pour rien. Il va, comme il dit fort élégamment, donner aux rouages de la machine humaine des poses tant soit peu fantastiques.

Vous autres, comprenez-vous ça? Non. Eh bien! ni moi non plus. Par exemple, je comprends fort bien que le docteur a fait une faute de français, quand il dit:« dans lequel je donne.» On doit dire (ou du moins je ne m'y connais pas) : dans lequel je donnasse aux rouages, etc.

Je parie que notre docteur a employé le mot *fantastique* sans savoir son origine; il est bon de l'instruire. D'abord il est plus allemand que français, et c'est ce bon Hoffmann, au milieu des brouillards de la pipe et des fumées du vin (quoiqu'il ne bût point de vin français) (1), qui nous le fit passer tout en chantant. Pour me servir de l'expression de *Jules Janin*, c'est un de ces mots dont il faut se méfier, et qu'un homme de talent se garde bien d'écrire (vous l'entendez, docteur), et un homme qui vous dit : Voilà qui est fantastique, n'est point homme

____

(1) Vin du Rhin.

d'esprit. Ce n'est point moi qui crie que le docteur n'a point d'esprit, c'est *Jules Janin* !

Allons toujours, ça sera de plus fort en plus fort.

« Je persiste à détester la forme aphoris-
« tique, parce qu'elle m'ennuie partout où je
« la rencontre, et que je fais scrupule d'*ennuyer*
« *mon semblable* presque à coup sûr, tant qu'il
« reste des chances de faire autrement. A vrai
« dire, j'avais eu cette idée comme toi, mais
« moins pure ; il s'y mêlait quelque envie de
« flatter mon penchant à la paresse. »

Auteur anti-prolixe de deux feuilles d'impression, vous croyez que je plaisante ; du tout : il y a auteur à deux feuilles d'impression ; ils y renferment toutes leurs pensées et même leur vie privée. Voilà qu'il nous dit qu'il s'ennuie et qu'il est paresseux. Eh bien ! pourquoi écrit-il ? C'est pour la gloire, c'est pour donner un coup de pied à la science : oh ! il est dans le cas de la faire marcher malgré elle.

Cher docteur, vous détestez, dites-vous, la forme aphoristique, parce qu'elle vous ennuie. Athée ! vous renoncez au dieu de la médecine ; anathème aux gens qui renient leur culte ! forfaiture aux renégats ! Vous saurez qu'*Hippocrate* doit plutôt inspirer du respect que de l'ennui.

Le sieur *Colas* dit qu'il se fait scrupule d'en-

nuyer son semblable; alors pourquoi écrivez-
vous? Taisez-vous, et personne ne vous dira
rien. Entendez-le s'écrier comme par gorgées :
« presque à coup sûr, à vrai dire » : quelle diction anti-française! Aura-t-il lu cela dans *Bos-
suet*, *Fénelon*, *Racine* ou *Boileau*?

Je continue :

« J'aime mieux donner un canevas entier à
« claire-voie, dont les vides *pourront être rem-*
« *plis* par les premiers qui seront de loisir, par
« d'autres ou par moi. »

J'espère qu'en voilà une intelligible; comment, vous ne la comprenez pas? Il vous dit
qu'il a passé à travers un canevas à claire-voie,
qu'il en a rempli les issues, et que la science, ne
trouvant plus de vide, s'est étalée sur toute sa
personne, comme une douce rosée de mai.

Quand le docteur a dit « pourront être remplis, » il a fait encore une faute, mais ça ne
sera pas la dernière. Il aurait dû dire : pourraient
être remplis, etc.

Vous ne le comprenez pas, parce que sans s'en
douter il a un style aphoristique, c'est-à-dire
que chaque mot porte sentence. Vous croyez
peut-être que je plaisante, tenez! lisez!

« Si cela est arrivé, c'est la faute du style
« d'aphorisme, et tu perds ta cause *doublement*. »

Docteur, ce n'est pas français : finir par *dou-blement* ne peut aller avec la pureté de votre diction.

Voulez-vous un autre exemple de la richesse de son style? le voici; il parle, chut donc! silence! On ne s'entend pas, si tout le monde parle ensemble : Henri IV ne fit-il pas taire un magistrat pour entendre braire un âne?

« Tu remarqueras facilement que la plupart
« des explications nouvelles données aux phé-
« nomènes vitaux dans cet opuscule, pour être
« étrangères à la science physiologique actuelle,
« *ne sont pas moins* le résultat de découvertes
« plus ou moins anciennes qui, étouffées à leur
« naissance, *sont restées* la conviction, à part de
« quelques adeptes ou de l'auteur seul intéressé
« à la chose : lesquelles rassemblées sont pro-
« pres à devenir un corps de science tout aussi
« bien que les idées généralement reçues au-
« jourd'hui. »

Il était temps que ça finît, je me sentais somnambulisé. Décomposons cette phrase à perdre haleine. « Ne sont pas moins » n'est pas français, il faut dire : n'en sont pas moins. « Sont restées la conviction » n'est pas encore français ; il faut dire : n'en resteront pas moins. « Sont propres » ne peut pas convenir, il faut dire : seront propres. Que de fautes pour accoucher d'une phrase tellement inintelligible que je ne puis la comprendre! peut-être ai-je la tête dure?

Voyons maintenant la partie sentimentale, car notre docteur n'a rien oublié : faites bien attention, c'est la fin de la lettre qu'il a écrite à son ami.

« Enfin, mon cher, *je me laisse devenir au-* « *teur;* j'ai tant retourné mon sujet, que *ma* « *conscience est tranquille :* je renonce doréna- « vant à la faculté d'effacer et replacer sans « cesse dans un cadre qui n'atteindra pas la per- « fection de mon vivant; je ne manquerais pas « de le décomposer en y touchant davantage. « Imprime, imprime vite et publie pour que je « ne puisse plus me dédire. —Ton ami *Colas.* »

Pour qu'on n'en doute point, il vous répète qu'il se laisse devenir auteur : qu'il est doux de se laisser faire! il n'est pas nécessaire de l'assen- timent de personne, c'est lui-même qui se nomme. S'il ne tenait qu'à ça, un homme n'a qu'à dire : Je me laisse devenir riche; il verra si son gousset en sera plus plein.

Le docteur nous avertit que sa conscience est tranquille; oui, dormez en paix, cher docteur, vous avez rendu un service et un grand service pour les gens atteints d'insomnie! Avec un pa- reil ouvrage, ils peuvent se passer d'opium; c'est un moyen comme un autre. « Je ne man-

,„erais pas de le décomposer en y touchant davantage. » (En effet, ça serait dommage, et votre
génie vous a dit : En voilà assez ; vous vous êtes
arrêté, c'est fort heureux.) J'allais oublier encore
une faute, on ne peut pas toutes les voir. « En
« y touchant davantage ; » il est incorrigible, il
s'obstine à faire du beau français. « Imprime,
« imprime vite et publie ; » voilà que son ami
est imprimeur et éditeur.

Après dix-huit ans de réflexion pour imprimer
si vite et faire tant de fautes, il aurait dû re-
mettre dix-huit autres années à recorriger ses
fautes de langue, ainsi que ses phrases.

Nous n'y sommes pas, nous allons parcourir
ses leçons de physiologie ; là ce n'est plus du tragique, c'est du comique.

CHAPITRE II.

Je ne veux dépasser mon but, je n'attaque-
rai point le *plagiat* partout où je le rencontrerai,
d'abord et parce que le style devient différent et
parce que je ne ferai la critique des autres auteurs. Je ne veux qu'attaquer son élocution
que tout le monde trouvera, comme moi, nette,
sublime, figurée, pure, claire, noble, élé-
gante, etc., etc., de ces élocutions qui ne se re-
produisent (comme nos grands hommes) que
par des circonstances fortuites, de siècle en
siècle : depuis Homère jusqu'à nos jours, on
peut les compter.

« La vie est la manière d'être des corps orga-
nisés. »

N'en demandez pas davantage, la phrase est
finie, comprenez-la si vous pouvez. Je lui demanderai à mon tour, à notre très-haut et très-
illustre savant, qu'est-ce que la vie?

« L'homme a besoin, pour exister dans l'uni-

« vers dont il fait partie, de se conserver comme
« individu et de se reproduire comme espèce. »

Je conçois qu'un théologien vienne vous dire :
L'homme, à l'image de Dieu, est immortel ; son
âme s'élève après lui dans ce grand tout, dans
cette voûte azurée, et il fait alors partie de l'u-
nivers.

Mais pour le savant, l'homme (le docteur
compris) est un animal bimane et bipède, en
grec *anthropos*, qui signifie regardant en haut,
doué d'une telle intelligence, que nous ne pou-
vons l'exprimer que par ces vers d'Ovide :

> Sanctius his animal, mentisque capacius altæ,
> Deerat adhuc et quod dominari in cætera posset ;
> Natus homo est.

L'homme est destiné à marcher debout sur
le sol qui doit l'engloutir.

> O curvæ in terras animæ et cœlestium inanes.

Il y a compensation avec les animaux ; l'homme
a l'esprit (sans en excepter le docteur), mais les
animaux en revanche ont plus de sensations.

> Nos aper auditu præcellit, aranea tactu,
> Vultur odoratu, lynx visu, simia gustu.

Il naît pour souffrir, jouir, boire, manger,

dormir, se reproduire et mourir; après quoi l'on gratte un peu l'épiderme de notre globe; alors de toutes manières il en fait partie, mais non de l'univers. En voulez-vous un exemple, cher docteur? Au milieu d'un dessert, supposons un morceau de fromage : le fromage fait partie du dessert; mais les insectes qui sont sur sa superficie font partie du fromage et non du dessert. Notre globe fait partie de l'univers, et les animaux qui sont dessus ou dedans font partie du globe.

Tout le reste est écrit dans le même sens : il nous dit que l'œil est pour voir, l'oreille pour entendre, le nez pour sentir, la bouche pour percevoir la saveur, la peau pour le toucher. Tous ces articles étant la répétition de mille auteurs ses devanciers, je n'insisterai point. Ça serait vulgariser ma critique; et pour en faire ressortir tout le ridicule, je l'abandonne à une farce de parade d'une de nos foires.

(La scène représente un grand tableau, sur lequel on voit un monstre sans tête, et sur la parade une femme et Paillasse.

Une morale nue apporte de l'ennui ;
Le conte fait passer le précepte avec lui.

Mon ami Paillasse, fais-nous un cours de physiologie que ces messieurs et dames puissent comprendre. A quoi servent les yeux ? Pas tant de gesticulations, Paillasse, répète à quoi servent les yeux. — Ils servent, ils servent... à pleurer. — Mais non, grosse bête : à quoi servent-ils ? — J'y suis, à dormir. — Tu n'y es pas : ils servent à voir. — Les docteurs disent depuis le rouge jusqu'au violet ; eh bien, moi ! je dis du blanc au noir. — Bien, mon ami Paillasse ! Et l'oreille, à quoi sert-elle ? — A mettre des boucles. — Mais non, à entendre ! — C'est vrai. — Qu'est-ce que tu as à dire, Paillasse ? — Je voulais vous dire, ceux qui ont les oreilles coupées n'entendent donc pas ? — T'as raison. En effet, le docteur dit que l'oreille perçoit le son ; pour un savant, c'est une erreur, c'est l'ouïe qui perçoit, et l'oreille n'est qu'un accessoire. Paillasse répète : encensoir ; c'est vrai ! Chut, il va parler, prêtez l'oreille : « Il résulte de la combinaison « des sons, dans ces diverses circonstances, des « bruits, des cris, des paroles, des chants qui

« ne donnent pas à l'individu des connaissances « aussi précieuses que celles fournies par la vi- « sion. » D'une pareille phrase, je me croyais dans un souterrain, entendre des chants, des voix sépulcrales; on ne dit pas si ce sont des chants d'oie, de dindon, ou d'autres ramages de grandes bêtes.

Mon ami Paillasse, à ton tour : le nez, à quoi sert-il? — Oh! ce n'est pas difficile ça. — Eh bien! à quoi? — A quoi? vous voulez le savoir? à prendre une prise de tabac. — Mais, grosse bête, ce n'est pas ça. — Eh bien! j'y suis; à éternuer. — Tu n'y es pas; à sentir. — Dame! si vous me l'aviez dit.— En effet, le docteur dit que le nez perçoit l'odeur; pour un savant, ce n'est pas le nez qui perçoit, c'est la membrane pituitaire qui tapisse l'intérieur des fosses nasales; le nez n'est qu'un accessoire. Paillasse répète : entonnoir; c'est vrai!

Paillasse, mon ami, dis à ces messieurs et dames à quoi sert la bouche (1). —Oh! ça, je le sais, elle sert à boire et manger. — Mais non. — Ah! bien, j'y suis, elle sert à chiquer. — Mais non. — Elle sert à fumer. — Tu n'y es pas, elle sert à percevoir la saveur; ainsi, mon ami Paillasse, quand ta soupe est trop chaude ou trop

____

(1) A mordre, chez les animaux carnivores. Exemple : le chien, quand il se bat.

salée, c'est ta langue qui s'en aperçoit. — C'est vrai ! — La peau, à quoi sert-elle ? — A me gratter quand ça me démange. — Paillasse, ce n'est pas ça, elle sert à sentir le chaud ou le froid et pour le toucher. — C'est vrai , messieurs et dames. — Eh bien , Paillasse, te voilà physiologiste. — Physi-quoi ?— Physiologiste. Il répète : *giste,* c'est vrai.

La femme prend alors une grande baguette, frappe à coups redoublés sur le tableau : Paillasse roule son chapeau, et le tenant par une extrémité, ils disent : Vous y verrez un monstre sans tête ! qui resta dix-huit ans dans le ventre de sa mère; il n'a ni estomac, ni poumons. Paillasse répète : C'est vrai ! je les ai vus.

Enfin nous voilà arrivés à cette classification *colasienne* : fruit de dix-huit années de travail, grossesse extra-utérine, d'une gestion de dix-huit ans, pour mettre au monde un enfant mort-né, monstre acéphale.

Sa classification est divisée en quatre parties ou compartiments, et chaque organe dans sa case, rangé comme des pots de confitures. Les quatre parties sont : acquisition, préparation, emploi et rejet; autant dire, la bouche pour avaler, l'estomac pour préparer, les intestins pour l'emploi, et l'anus pour le rejet. Tous nos docteurs en riront, c'est pourtant l'exacte vérité, et pour nous autres c'est pire que Paillasse.

Pour vous mettre au pied du mur, cher docteur, où placerez-vous l'estomac? D'abord, il y
a *acquisition*, puisqu'il reçoit une quantité plus
ou moins grande d'aliments; *préparation*, puisque
de la pâte alimentaire il la transforme en
chyme; *emploi*, puisqu'il y a absorption; *rejet*,
puisqu'il se contracte sur lui-même pour le re-
jeter dans les intestins. Vous me direz: Puisqu'il
nuit à ma classification, il n'y a qu'à le mettre
de côté, d'ailleurs et parce qu'il n'est guère
utile à la vie, et qu'on peut se passer de manger,
il n'y a qu'à faire diète.

Voyons la respiration, où la placerez-vous?
Acquisition, les poumons se dilatent et secon-
dairement la poitrine, pour recevoir l'air exté-
rieur; *préparation*, puisqu'il y a décomposition
de l'air; *emploi*, puisqu'il y a absorption de l'oxi-
gène; *rejet*, les poumons rejettent les autres
gaz qui lui sont parfaitement inutiles. Où les
placerez-vous? vous ne pouvez les loger que dans
une de vos quatre divisions. Il faut choisir pour
l'une ou l'autre. Voulez-vous les expulser de
votre classification? Prenez-y garde, je vous ai
déjà dit que c'était un mort-né acéphale (sans
tête). Maintenant voulez-vous lui ôter l'estomac
et les poumons? O fatalité humaine! Dix-huit
années de travail, renversées dans une seconde :
fruit d'une si brillante imagination, et sur lequel je fondais l'espoir de devenir auteur et le

courage de le trouver excellent ; et voilà le fruit
de mon travail perdu sans ressource? Calmez-
vous, cher docteur, la faute en est à vous seul.
Lorsque vous en jetâtes les premiers fonde-
ments, et que vous en fîtes le canevas, où étiez-
vous? Personne ne nous entend, je puis vous
parler. Ne fûtes-vous pas pendant deux ans
élève à *Charenton?* Ne craignîtes-vous pas qu'une
atmosphère d'intelligence aussi viciée ne portât
préjudice à vos idées, et n'influençât le mauvais résultat que vous avez obtenu? Mais maintenant que vous couchez près du soleil de l'intelligence (Mont-Parnasse), armez-vous de la
lyre d'*Apollon*, et faites-nous une classification
rimée.

Le temps n'est rien, cher docteur ; je vous
donne quarante ans, et plût à Dieu et dans l'in-
térêt de l'humanité que vous et moi nous dis-
cutassions encore sur le poëme, et que je vous
renvoyasse à quelques années pour la rédaction.

Mon cher monsieur, laissons la parodie et la
critique de côté : vous ne l'avez point comprise
cette science ! Pour la comprendre, il faut l'aimer ; pour l'aimer, il faut l'étudier ; pour l'étudier, il faut la concevoir ; pour la concevoir,
il faut de l'intelligence : faites-en une amie insé-
parable, consacrez-y tous vos moments, et quand
vous serez identifié avec elle, plus prudent,
vous l'embellirez par des termes moins recher-

chés. Libéral et heureux de la posséder, vous, vous voudrez et vous désirerez qu'elle soit à la portée de tout le monde. Elle ne sera plus torturée de cette bizarre nomenclature, plus difficile à apprendre que la science elle-même : oui, plus elle sera simplifiée, et plus elle sera belle; vous l'aimerez alors, et si vous la comprenez, ce ne sera qu'à ce moment que vous déposerez cette impudente fierté et cette basse insolence, compagnes de l'ignorance, qui feront alors place, à leur tour, à cette bonté prête à pardonner l'erreur et à cette modestie toujours méfiante de ses faiblesses.

Si d'un maître nous nous instruisons par ses leçons, par notre travail et nos recherches nous embellissons notre esprit.

Ce n'est qu'à compter de ce jour, de ce jour seul, que vous pourrez être mis au nombre des savants; mais, comme vous le voyez, l'espace en est grand !

Si Diogène reçut une leçon d'un enfant, vous pouvez la recevoir de moi.

Comme cette conversation n'a été l'œuvre que d'une soirée, il se fait tard, je vous quitte,

FIN.

9 782014 086898